Sur le Magnétisme.

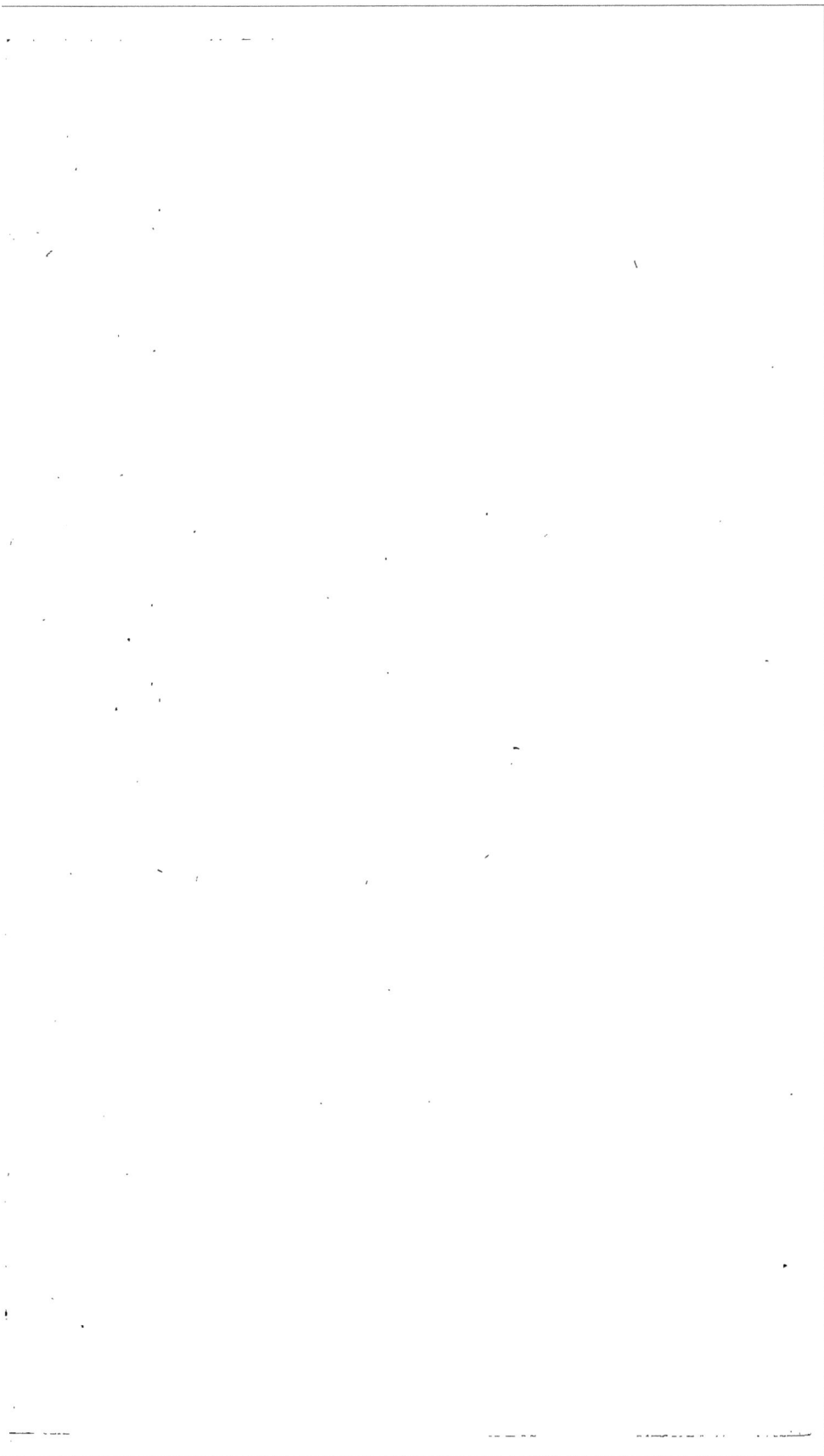

SUR

LE MAGNÉTISME

ANIMAL.

(Traduction de l'Italien).

—◆—

MARSEILLE.

TYPOGRAPHIE DES HOIRS FEISSAT AINÉ ET DEMONCHY,
rue Canebière, n° 19.

——

1841.

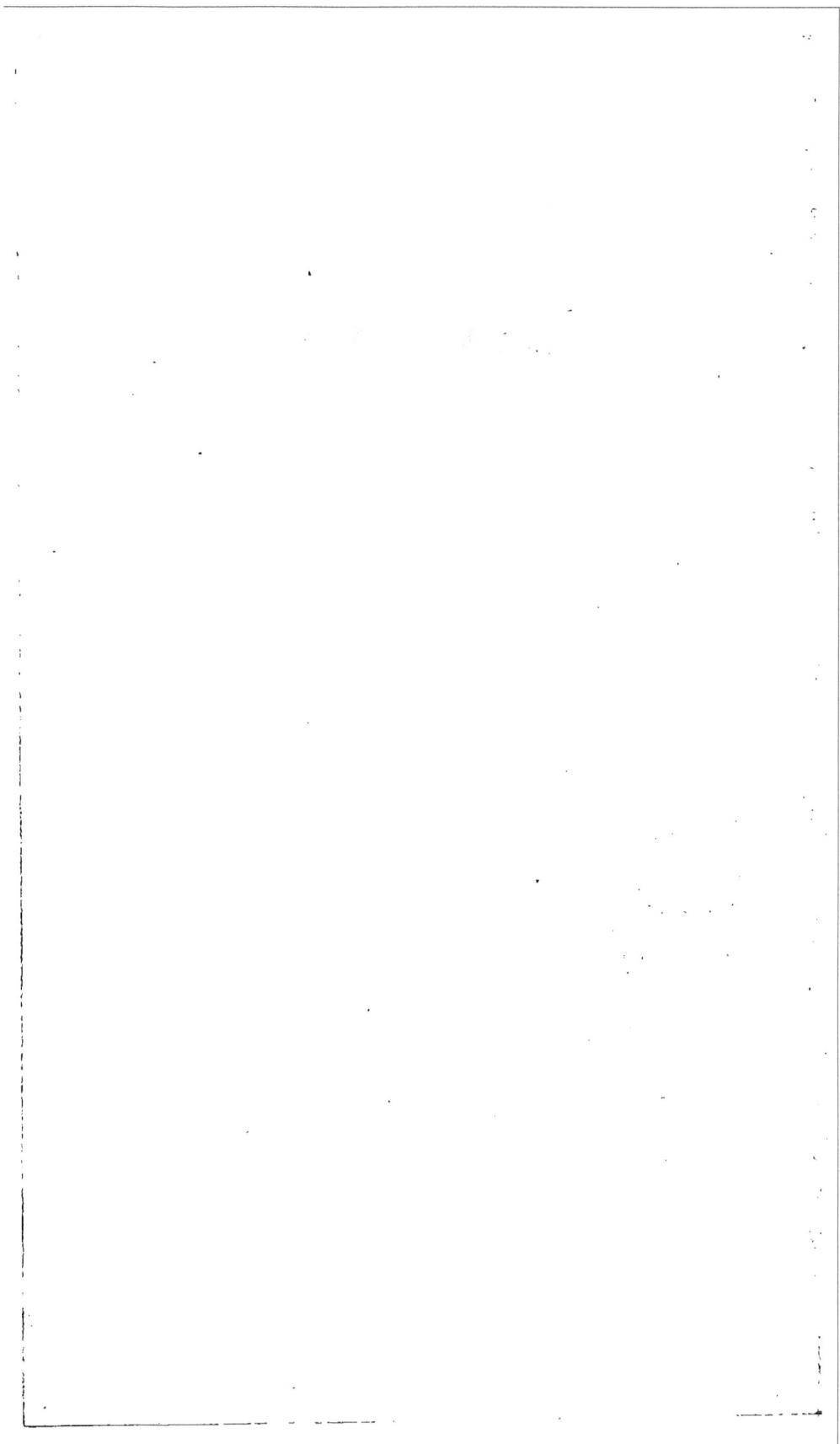

SUR LE MAGNÉTISME ANIMAL.

QUELQUES—UNS des phénomènes du *magnétisme animal* sont évidemment surnaturels, d'autres surpassent sans doute le cours ordinaire des lois physiques connues; et l'artifice et les moyens dont se servent certains magnétiseurs, qui, pour leurs expériences, se servent presque toujours de jeunes demoiselles, ont donné lieu à suspecter et de la source impure et malfaisante du *magnétisme*, et de l'immoralité de ceux qui l'exercent.

Personne n'ignore la réponse déjà faite sur ce sujet par la congrégation du Saint-Office. Il est permis, dit—elle, de faire usage de moyens physiques innocens pour obtenir une fin naturelle purement innocente. Mais, en attendant, bien qu'elle ne laisse apparaître aucun doute, elle ne détermine pas si le moyen, ou soit l'agent ordinaire producteur des phénomènes surprenans, est naturel ou surnaturel; ensuite s'il est permis ou défendu, car s'il était surnaturel, il serait défendu comme ne provenant pas de bon esprit (quoique permis de Dieu); et ceci, selon ce qui a été amplement démontré par de longs raisonnemens de bons auteurs philosophes chrétiens. Et en fait, ceux-ci démontrent :

1° Être universelle et continue la croyance de

</

tous les peuples à l'intervention prodigieuse des *génies du mal* dans les événemens de la terre ;

2° Ils contestent, par des témoignages irréfragables, l'existence des phénomènes extraordinaires du magnétisme animal et de ceux tout-à-fait analogues du *jansénisme convulsionnaire*.

Cette universelle croyance et la raison le démontrent facilement, non seulement par l'autorité des écritures sacrées, mais encore par les paroles des auteurs profanes renommés, de Plutarque, P. E. de Porphirius, Pline, Bayle, Voltaire, Hoffmann, etc.

La réalité des phénomènes arrivés est encore prouvée par les citations (1) de tant et si différens

(1) M. de Leuze, *Instructions pratiques* (chap. 5).

M. Georget, célèbre médecin et magnétiseur, *Physiologie du système nerveux* (part. 1re, chap. 3).

Rapport sur les expériences magnétiques faites par la commission de l'académie royale de médecine, lu dans les séances des 22 et 28 juin 1831.

Expériences publiques faites à l'Hôtel-Dieu en 1820.

M. Rostan, *Dictionnaire de médecine*, article *Magnétisme animal*.

M. de Leuze, *Bibliothèque du magnétisme* (n° 13).
Bertrand, *Traité du somnambulisme* (chap. 3).
Journal des Débats du 22 juin 1829.
Du Magnétisme animal en France (§ 270).
M. de Leuze, *l'Hermès* (tom. 4).
M. Dupotet, *le Propagateur du magnétisme animal*.

écrivains de toutes les opinions et les témoignages oculaires de beaucoup d'autres encore vivans, et par les expériences souvent réitérées sous les yeux de commissions spéciales d'académies renommées, qui ne laissent plus lieu au moindre doute. Un des effets les plus communs du magnétisme animal, est de frapper d'énertie le corps humain , et de cette manière , de lui ôter entièrement l'usage de l'esprit qui l'anime.

Pour produire cet état de somnambulisme, il suffit du simple commandement ; d'autres fois seulement, le commandement mental du magnétiseur, bien qu'il ne soit pas présent , et le consentement de l'individu sur lequel on opère, lequel consentement pourtant est nécessaire la première fois seulement.

Tellement que dans cet état, le somnambule reste à la totale disposition de l'opérateur.

Il arrive que des personnes délicates ne donnent pas le moindre signe de s'apercevoir de tout ce qui se fait autour d'elles et sur elles, en conservant une immobilité parfaite de tous les membres, jusques des lèvres et des paupières , malgré la décharge imprévue d'armes à feu, malgré les coups de pointe de fer souvent rouges , malgré, enfin, les exhalaisons foudroyantes de l'ammoniac concentré. Bien qu'au commandement de l'opérateur elles de-

viennent très-sensibles, ou répondant à ses inter-
rogations et à celles des personnes présentes, quelquefois dans une langue inconnue du somnambule,
il arrive qu'elles voient et lisent à travers des
corps opaques, qu'elles définissent, par leurs pro-
pres noms (bien qu'elles ne connaissent pas l'art de
la médecine), les maux internes d'une personne
présente ; qu'elles lui prédisent une maladie, une
crise, ou autre chose semblable, en en fixant le jour
et l'heure ; il arrive, enfin, qu'elles sentent et ré-
vèlent les intentions secrètes des autres.

L'état de somnambulisme ayant cessé, et cela au
commandement de l'opérateur, bien que mental,
le somnambulisé ne se souvient nullement de tout
ce qui lui est arrivé.

Ensuite les susnommés philosophes chrétiens
démontrent également qu'un *fluide* quelconque
matériel supposé, ne pourrait pas produire une
insensibilité si parfaite et des effets aussi prodi-
gieux ; aussi, par la considération que si un fluide
était suffisant, le simple consentement mental de
l'individu ne serait pas nécessaire ; et en admettant
encore la nécessité d'un tel consentement, il serait
toujours nécessaire, et non la première fois seulement comme il est de fait ; pareillement pour produire de tels phénomènes, les facultés *intellectuelles*
ou *physiques* du même individu ne sont pas suffi-

santes, parce que le somnambulisme dont il est
parlé, étant toujours excité par des forces extérieu-
res, ne peut cesser que par elles, et en outre, il se
produit également quelquefois sur des personnes
dormant d'un sommeil naturel.

Les forces mêmes du magnétiseur ne peuvent
également être suffisantes, parce que, ceci posé,
comment serait — il nécessaire d'un acte secret et
imperceptible de consentement de la part du magnétisé? Et ensuite on ne pourrait admettre que
ces forces agissent sous un moyen matériel de
communication ; et pourtant les phénomènes du
somnambulisme ont lieu aussi d'une chambre à
l'autre, séparée par de gros murs et à de très-
grandes distances, et à l'insu du magnétisé et même
contre sa volonté, lorsque déjà une autre fois il
avait consenti.

Au dire donc de ces écrivains et de beaucoup de
professeurs en Allemagne, la colossale puissance
mystérieuse du magnétisme animal, ne résidant
pas dans les forces occultes de l'opérateur, ni dans
les facultés inhérentes au somnambule, à moins
encore dans celles des autres hommes ou animaux,
ou des êtres inanimés, il est hors de doute que l'on
doit conclure qu'elle est *surnaturelle*.

Dans un rapport adressé à Louis XVI par les mem-

bres de l'académie de médecine, on lit (1) : « Les sens s'allument ; l'imagination qui agit en même temps, répand un certain désordre dans toute la machine (tout le corps). On sent pourquoi celui qui magnétise inspire tant d'attachement. »

Le traitement ne peut être que dangereux pour les mœurs... Il excite des émotions condamnables, et d'autant plus dangereuses, qu'il est plus facile d'en prendre une douce habitude.

Exposées à ce danger, les femmes fortes s'en éloignent ; les faibles peuvent y perdre leurs forces et leur santé. Aussi dans le *Dictionnaire de médecine*, article *Magnétisme animal*, M. Rostan y écrit : « La somnambule contracte envers son magnétiseur un attachement sans bornes. Si la violence est facile, la séduction moins odieuse, l'est bien davantage encore... Le magnétiseur agit avec d'autant plus de sécurité, que le souvenir de ce qui s'est passé est au réveil *complétement effacé*! Le magnétisme, il faut le dire hautement, compromet, au plus haut degré, l'honneur des familles, lequel honneur des familles peut être compromis par les révélations

_____

(1) **M.** de Montègre a fait imprimer ledit rapport secret dans un ouvrage intitulé du *Magnétisme animal et de ses partisans*.

Bayle, *Dictionnaire historique*, article *Magnétisme*, note D.

possibles des secrets qu'il importe souvent de tenir cachés.»

L'immoralité du soit disant magnétisme animal, ainsi prouvée par ceux-ci et beaucoup d'autres témoignages authentiques, se prouve de même par les faits qu'il produit en celui qui en est la victime, par de fortes douleurs, d'excessifs affaiblissemens de force, de graves incommodités et de longues maladies.

Il est à remarquer, dans beaucoup de cas, que la présence de certaines personnnes et certains signes religieux de la Rédemption ou semblables, laissent sans aucun effet la puissance extraordinaire du magnétiseur.

Les mêmes philosophes chrétiens susnommés contestaient aussi, d'autre part, par l'attestation des partis les plus opposés, les phénomènes aussi appelés *jansénistes*, desquels sont spécialement remplies les annales de France de la moitié du siècle passé.

Pour ces faits, consultez entr'autres les ouvrages ci-après (1) :

(1) Hume, *Essais philosophiques sur l'entendement humain*, et Diderot, *Poésies philosophiques*.
Dictionnaire des sciences médicales, article *Convulsionnaires*.
Carré de Mongeron, *la Vérité des miracles*, (T. 2).
L'Univers énigmatique (§ 127).

Dans les opérations magnétiques où on discerne un nouveau motif à l'incrédulité et à l'immoralité, on désirerait, pour la tranquillité des consciences, connaître quelle est la véritable opinion du saint-siége à cet égard.

Personne n'ignore la réponse déjà faite par la congrégation du Saint–Office ; mais il serait à désirer qu'on obtînt du Saint–Siége une explication plus déterminée et plus particularisé sur cette matière.

Quelle que puisse être la conviction individuelle sur les faits énoncés, et tous par de graves et religieux auteurs, quoiqu'ils n'appartiennent cependant qu'à la sainte-mère église de juger et décider en semblables matières, qui sont de la plus haute importance pour la religion et pour la morale publique, il importerait extrêmement d'obtenir, sinon une décision formelle, au moins une règle à suivre, sur laquelle les gouvernemens catholiques puissent s'appuyer, appelés qu'ils sont par Dieu à protéger la religion et à donner des lois pour tenir en frein les mœurs publiques et veiller à leur exécution.

FERIA IV DIE 21 APRILIS 1841.

In congregatione generali S. Romanæ, et univer-
salis inquisitionis habita in conventu S. Mariæ su-
pra minervam coram Eminentissimis et Reveren-
dissimis DD. S. Romanæ Ecclesiæ cardinalibus
contra hæreticam pravitatem generalibus inquisi-
toribus proposita supradicta instantia, Iidem Emi-
nentissimi et Reverendissimi DD. dixerunt : Usum
magnetismi prout exponitur non licere. »

EADEM DIE ET FERIA.

Sanctissimo D. N. D. Gregorius div. Prov. PP.
XVI in solita audientia R. P. D. Assessori S. Officii
impertita, audita suprascripta relatione, resolutio-
nem Eminentissimorum ac Reverendissimorum
DD. Cardinalium approbavit.

ANGELUS ARGENTI
S. ROM. UNIV. INQ. NOTARIUS.

FÉRIE IV DU JOUR 21 AVRIL 1841.

Dans la congrégation générale de la Sainte-Ro-
maine et universelle inquisition, dans le couvent de
Sainte-Marie mineure, pardevant son Emmin. et
Révérend. DD. S., romaine église, et en présence
des cardinaux, sur la demande proposée par les in-
quisiteurs, contre l'immoralité des hérétiques, les

mêmes Emmin. et Révérend. DD. ont répondu :
« L'usage du magnétisme tel qu'il est exposé, est
défendu. »

LE MÊME JOUR ET A LA MÊME FÉRIE.

Notre Très-Saint D. N. D. Grégoire, div. Prov.
PP. XVI, dans l'audience ordinaire R. P. D., asses-
seurs du Saint – Office, ayant entendu le susdit
rapport des Très-Emmin. et Très-Révérend. cardinaux, l'ont approuvé.

ANGELUS ARGENTI,

S. ROM. UNIV. INQ. NOTARIUS.

Si Sa Sainteté a défendu le magnétisme animal, cette défense n'a eu en vue que les abus
et non l'usage de ce qu'il y a de bien dans cette
merveilleuse découverte. Elle en permet le libre
exercice à ceux qui n'en font usage que pour la
guérison de leurs semblables, et en vue d'une
charité toute chrétienne.

www.ingramcontent.com/pod-product-compliance
Lightning Source LLC
Chambersburg PA
CBHW050459210326
41520CB00019B/6283